农村供水安全保障指南

孔琼菊　雷声　彭宁彦 等　编著

·北京·

内 容 提 要

本指南为农村供水安全科普图书。全书分为九个专题 50 个问题，包括：关注农村供水安全、农村供水发展历程、农村供水基本知识、农村供水安全评价指标、农村供水存在的安全隐患、农村供水安全保障措施、农村供水行业监管、水费收取、供水单位与用水户的权利和义务。本指南采用问答的方式，以漫画插图形式对农村供水安全的基本知识进行宣传和普及。

本指南主要供农村居民、乡（镇）农村供水单位管理者以及农村供水行业监管单位的相关专业人士阅读参考，也可作为中小学生的课外读物。

图书在版编目（CIP）数据

农村供水安全保障指南 / 孔琼菊等编著. -- 北京 : 中国水利水电出版社, 2020.12

ISBN 978-7-5170-9289-6

Ⅰ. ①农… Ⅱ. ①孔… Ⅲ. ①农村给水－安全技术－指南 Ⅳ. ①S277.7-62

中国版本图书馆CIP数据核字(2020)第262280号

书　名	农村供水安全保障指南 NONGCUN GONGSHUI ANQUAN BAOZHANG ZHINAN
作　者	孔琼菊　雷声　彭宁彦 等　编著
出版发行	中国水利水电出版社 (北京市海淀区玉渊潭南路1号D座 100038) 网址: www.waterpub.com.cn E-mail: sales@waterpub.com.cn 电话: (010) 68367658 (营销中心)
经　售	北京科水图书销售中心 (零售) 电话: (010) 88383994、63202643、68545874 全国各地新华书店和相关出版物销售网点
排　版	北京金五环出版服务有限公司
印　刷	天津嘉恒印务有限公司
规　格	170mm×230mm 16开本 4印张 36千字
版　次	2020年12月第1版 2020年12月第1次印刷
印　数	0001—2000册
定　价	28.00元

前　言

饮水安全直接影响人民群众的生命安全和身体健康，是农村居民生活条件改善、生活质量提高的重要标志，是决战决胜脱贫攻坚全面建成小康社会的基础保障。党中央、国务院高度重视农村饮水安全工作，历年的中央 1 号文件多次提到解决农村饮水安全问题。2020 年国务院政府工作报告中提出：要增加专项债券投入，支持饮水安全工程，持续改善农民生产生活条件；完成决战决胜脱贫攻坚目标任务，确保现行标准下农村贫困人口全部脱贫。

在党中央的大力支持和领导下，全国各地从 20 世纪 90 年代开始，逐步解决了人畜饮水困难问题，实施了农村饮水安全工程建设，并通过巩固提升农村供水工程，让农村居民实现了从“喝水难”到“喝上水、喝好水”的目标，正向着喝上“安全水、放心水、幸福水”的目标迈进。

本指南梳理了农村供水发展历程，科普了农村供水基本知识、农村供水安全评价指标，归纳总结了农村供水存在的主要隐患，提出了保障农村供水安全的主要措施，并从行业的角度分析了如何进行农村供水安全监管，对水费收取、供水单位与用水户的权利和义务进行了说明。本指南采用通俗易懂、图文并茂、喜闻乐见的问答方式，对农村供水安全进行了全面的科普，可供农村居民，乡（镇）农村供水单位管理者以及农村供水行业监管单位的相关专业人士阅读。

本指南共分为九个专题：专题一由孔琼菊编写；专题二由孔琼菊、温毓繁、卢江海编写；专题三由孔琼菊、彭宁彦编写；专题四由彭宁彦、邓升编写；专题五由温毓繁、雷声编写；专题六由雷声、孔琼菊编写；专题七由邓升、谭淋露编写；专题八由谭淋露、卢江海编写；专题九由卢江海、雷声编写。

本指南在编写过程中得到了江西省水利厅和江西省水利科学研究院的大力支持，在此表示衷心的感谢。本指南参阅并引用了大量的规范、法律条款和相关文件等资料，在此一并致谢。

由于撰写时间仓促，作者水平有限，指南中难免存在不当之处，恳请读者批评指正。

编者

2020 年 10 月于江西南昌

目 录

本书配套资源

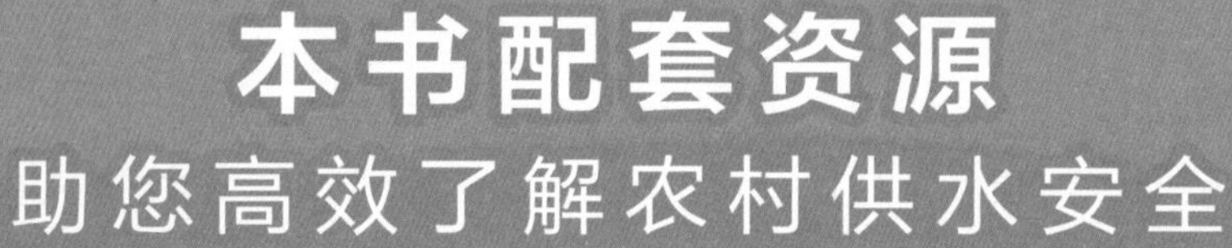

1 本书配套微信公众号和条例原文

结合本书内容阅读，加深理解

2 本书知识答题小测试

测一测阅读本书后的学习成果

3 水利行业资讯与见闻

及时了解行业前沿资讯

微信扫码，智能阅读向导将引导您获得上述服务

专题一 关注农村供水安全

1 什么是农村供水安全？

农村供水安全，通俗地讲，就是供水企业（单位）向用水户提供的水，其水质符合我国卫生标准的要求，同时水量、水压满足相关规范规定。也就是说，居民长期饮用供水企业（单位）提供的水，不影响人身健康，且用水方便，水量满足日常生活要求。

2 农村供水安全有多重要？

水是生命之源、生产之要、生态之基，是人民群众赖以生存的根本，是一切农业生产的命脉。党中央、国务院高度重视农村饮水安全工作。2020 年国务院政府工作报告中提出，要增加专项债券投入，支持饮水安全工程，持续改善农民生产生活条件；完成决战决胜脱贫攻坚目标任务，确保现行标准下农村贫困人口全部脱贫。

农村供水是民生工程，农村供水安全是乡村振兴的重要支撑。国务院印发的《乡村振兴战略规划（2018—2022 年）》提出要加强农村水利基础设施网络建设，巩固提升农村饮水安全保障水平。

农村供水安全对保证农村居民生活和健康至关重要。它涉及生态环境、水利、卫生等多个部门，同时也是一个重要的公共卫生问题，关系到公共卫生均等化和社会可持续化发展。

专题二
农村供水发展历程

3 农村供水发展包含了几个阶段？

农村供水发展包含了 6 个阶段，即自然发展阶段、饮水起步阶段、人畜饮水解困阶段、饮水安全阶段、巩固提升阶段以及农村供水未来的发展方向。

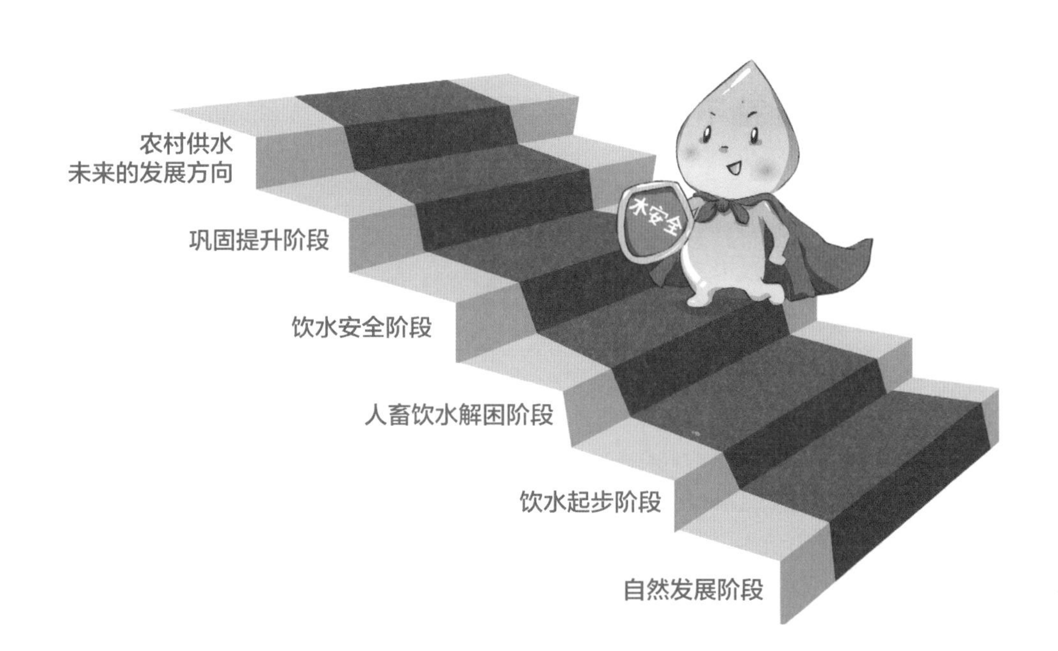

4 自然发展阶段干了哪些事？

20 世纪 50—60 年代，国家重视以灌溉排水为重点的农田水利基本建设，结合蓄、引、提等灌溉工程建设，解决了一些地方农民的饮水困难问题。

5 饮水起步阶段主要完成了哪些事？

1980 年春，中央有关部门在山西省阳城县召开第一次农村人畜饮水座谈会，采取以工代赈方式和在小型农田水利补助经费中安排专项资金等措施解决农村饮水困难问题。

6 人畜饮水解困阶段主要解决哪些问题？

人畜饮水解困阶段主要解决“有水喝”的问题。

20 世纪 90 年代，解决农村饮水困难正式纳入国家重大规划，农村供水资金投入力度大幅度增加，基本结束了我国农村长期饮水困难的历史，实现了从“喝水难”到“喝上水”的目标。

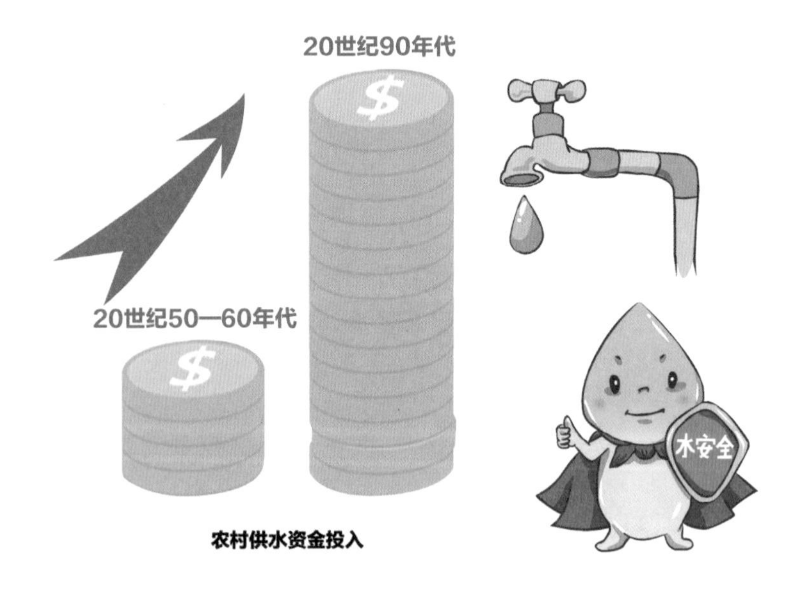

农村供水资金投入

7 饮水安全阶段主要实现的目标是什么？

饮水安全阶段实现了“喝好水”的目标。

2005—2015年，农村饮水安全问题引起党中央、国务院的高度重视，国务院先后批准实施《2005—2006年农村饮水安全应急工程规划》《全国农村饮水安全工程“十一五”规划》和《全国农村饮水安全工程“十二五”规划》，累计解决了5.2亿多农村人口的饮水问题，我国农村长期存在的饮水安全问题基本得到解决，实现了从“喝上水”到“喝好水”的目标。

8 巩固提升阶段主要关注哪些人？

巩固提升阶段全面解决贫困人口饮水安全问题。

“十三五”期间，中央决定实施农村饮水安全巩固提升工程。国家相关部委联合印发通知并召开视频会，要求到 2020 年各地围绕全面建成小康社会、打赢脱贫攻坚战的战略部署和目标要求，进一步提升农村集中供水率、自来水普及率、供水保证率和水质达标率，全面解决贫困人口饮水安全问题。

2020 年以来，水利部克服疫情影响，统筹疫情防控和开工复工，对 2019 年年底尚未全面解决贫困人口饮水安全问题的地方开展挂牌督战，如期啃下了最后的“硬骨头”。截至 2020 年 8 月，按照现行标准，贫困人口饮水安全问题得到全面解决。

9 农村供水未来的发展方向是什么？

农村供水未来的发展方向是农村居民喝上“安全水、放心水、幸福水”。

2019 年 6 月 19 日，国务院常务会议对农村饮水安全作出专门部署，当前国家已把农村饮水安全提升到精准扶贫的新高度。为落实国务院会议精神，水利部于 2020 年正式启动了“十四五”农村供水安全保障规划，规划要求如下：

- 有条件的地区实施城乡供水一体化等规模化工程建设，充分利用大水源、大水厂以及现有城市供水设施和输配水管网延伸等方式，推进规模化工程建设。
- 基础薄弱的地区重点巩固脱贫攻坚成果，综合采取维修养护、以大并小、小小联合、达标改造、辅以新建等措施，提升供水保障水平。

● 条件一般的地区以人口聚集的乡（镇）或者行政村为中心，对现有的乡镇水厂更新改造或者新建规模化水厂，扩大规模化供水工程覆盖范围，强化水源保护和水质检测监测，以完善水价机制、强化水费收缴为重点，全面建立长效运行管理机制，巩固脱贫攻坚成果，提升农村供水保障水平。

专栏 1

《江西省农村供水条例》率先在全国范围内以地方性法规的方式定义了城乡供水一体化，即：城乡供水一体化是指以县域为单位，统一规划、统筹建设，以城市供水管网延伸和规模化供水工程为主，小型集中式供水工程为辅，分散式供水工程为补充的供水工程体系，实现全民覆盖、城乡共享优质供水服务的供水保障模式。这个定义的内涵不仅包含了工程的延伸，还包括管理和服务的延伸，做到了全域全员全覆盖。

专栏 2

江西省于2009年在乐平市利用共产主义水库的优质水源，按照“一县一网”的规划原则，实现了城乡统筹一体化的目标，创建了“乐平模式”。至2019年年底，江西省已有50余个县（市、区）实施了城乡供水一体化。2020年5月，江西省政府印发了《关于全面推行城乡供水一体化的指导意见》（赣府发〔2020〕10号），决定在全省范围内全面推行城乡供水一体化。全面推行城乡供水一体化概括起来就是“三全三统”，即全员全域全覆盖、统一规划、统筹建设、统一服务。

专题三 农村供水基本知识

10 什么是农村供水？

农村供水也称村镇供水，是指在城市供水管网覆盖范围以外，利用农村供水工程向农村居民和单位等用水户供应生活用水和生产用水（不包括灌溉用水）的活动。

农村供水通常也指向县城以外的乡镇、村庄供水，以满足居民和企事业单位生活、生产用水需求。

农村供水工程（村镇供水工程）指向县（市）城区以下（不含城关镇）的乡（镇）、村庄、学校、农场、林场等居民区及分散住户供水的工程，主要满足农村居民日常生活用水需要。

11 农村供水有哪几种主要方式?

我国农村供水方式主要包括集中式供水和分散式供水。

● 集中式供水水处理工艺流程一般为原水取水、絮凝、沉淀、过滤、消毒、清水池，然后进入配水管。

● 分散式供水通常包括引泉、压水井、浅井、土井、水窖、水柜等雨水积蓄工程，通常没有科学、严格的水处理工艺，但应进行消毒处理或煮沸后再饮用。

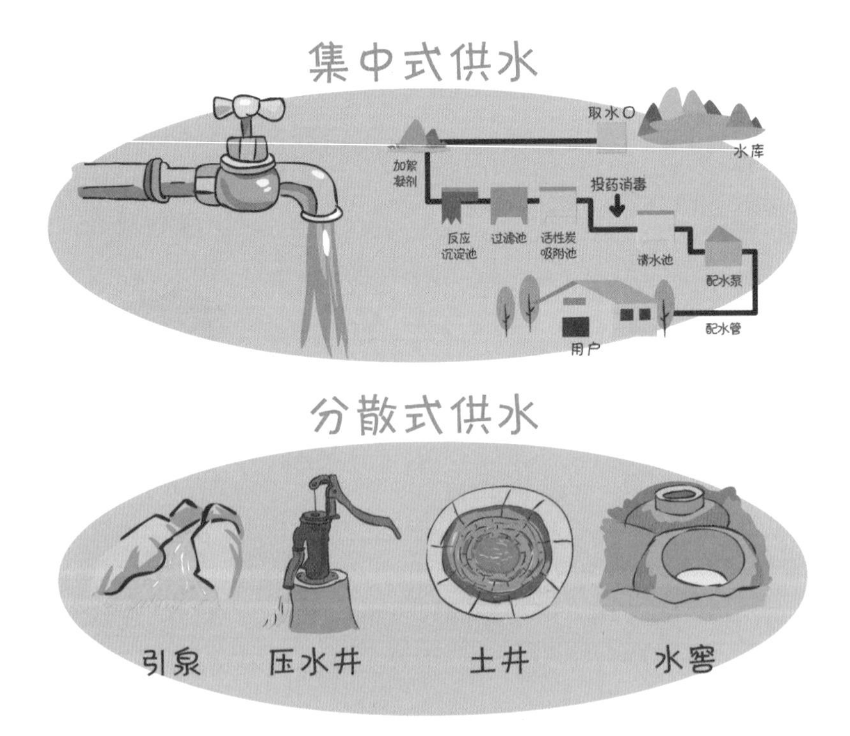

12 什么是集中式供水工程？

集中式供水工程是指从水源集中取水，经过必要的净化消毒后通过配水管输送到用户或集中供水点的供水工程。集中式供水工程按照供水人口数量又可分为规模化供水工程和小型集中式供水工程。

规模化供水工程是指设计日供水 1000 立方米以上或者设计供水人口 10000 人以上的集中式供水工程。

在现行标准下，小型集中式供水工程特指供水人口在 20 人以上，但未达到规模化供水工程标准的集中式供水工程。

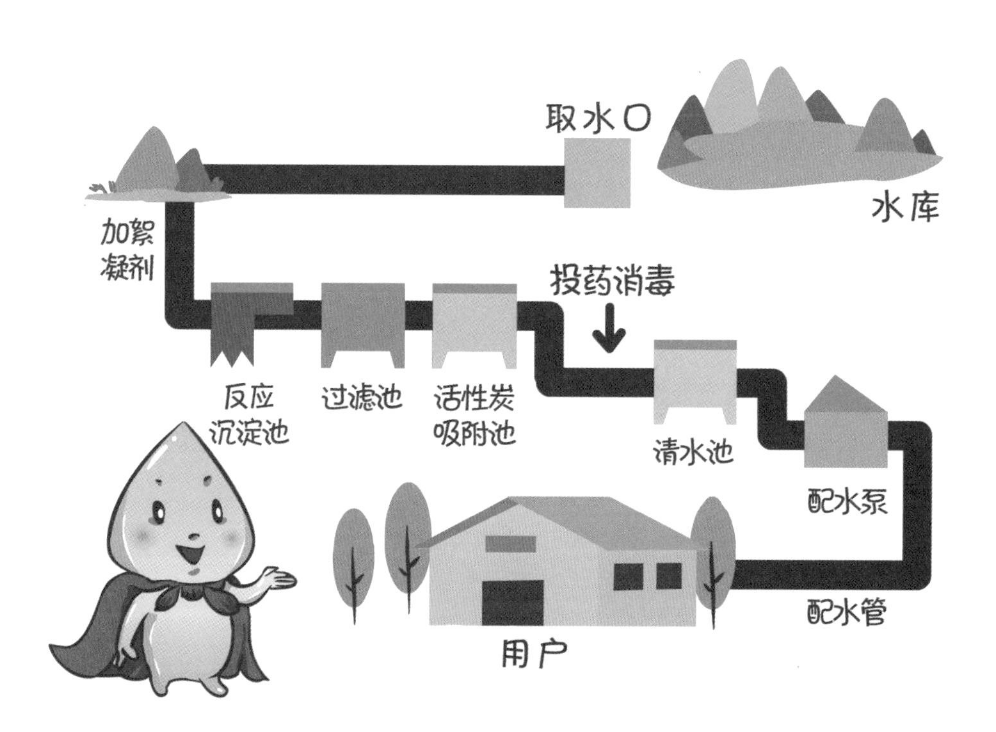

13 什么是分散式供水工程？

在现行标准下，分散式供水工程是指使用和采用简易设施及工具直接从水源取水，或者供水人口在 20 人以下的供水工程。

江西省：供水人口在 100 人以下的供水工程

专栏 3

江西省根据实际情况，在《江西省农村供水条例》中将小型集中式供水定义为供水人口在 100 人以上、但是未达到规模化供水工程标准的集中式供水工程；分散式供水工程是指供水人口在 100 人以下的供水工程。

14 集中供水率的含义是什么？

集中供水率指某区域农村集中式供水工程与城市供水管网延伸工程供水人口占该区域农村供水总人口的比例。供水人口指区域农村户籍人口或常住人口，取高值。

15 自来水普及率的含义是什么？

自来水普及率是指某区域农村集中式供水工程供水和城市供水管网延伸工程供水到户的农村人口占农村供水总人口的比例。规模化供水工程（城市供水管网延伸工程和千吨万人供水工程）能实现 24 小时连续供水者，方可视为自来水。

16 水质达标率的含义是什么？

水质达标率分为水样水质达标率与水样覆盖人口水质达标率两种。水样水质达标率是指水样所有检测水质指标符合《生活饮用水卫生标准》（GB 5749—2006）要求的样本数占总样本数的比例。水样覆盖人口水质达标率是指水样的所有检测水质指标符合《生活饮用水卫生标准》（GB 5749—2006）要求的样本对应工程供水人口数占总样本对应工程供水总人口数的比例。

17 供水保证率的含义是什么？

供水保证率是指农村居民取得洁净、足量够用饮用水的可靠程度。

- 1 年内不正常供水的天数在 18 天以内（供水保证率不低于 95%），为饮水安全。
- 1 年内不正常供水的天数为 18~36 天（供水保证率为 90%~95%），为饮水基本安全。

专题四
农村供水安全评价指标

18 你了解农村饮水安全吗？

农村饮水安全指农村居民能获得并且能负担符合我国卫生标准的饮用水。农村饮水安全包括水质、水量、用水方便程度和供水保证率 4 项评价指标，4 项指标全部达标才能评价为安全；4 项评价指标中全部基本达标或基本达标以上才能评价为基本安全；只要有 1 项指标未达标就不能评价为安全或基本安全。

另外，安全饮用水还应包括日常个人卫生，即洗脸、洗澡、漱口用水等，如果水中含有有害物质，这些物质可能会通过皮肤接触、呼吸等方式进入人体，从而对人体健康产生影响。

19 水质评价的主要依据是什么？

水质评价应根据各地区水质特点、供水模式、污染源分布特点等综合、科学地开展。

生活饮用水卫生标准是从保护人群身体健康和保证人类生活质量出发，对饮用水中与人群健康的各种因素（物理、化学和生物），以法律形式做的量值规定。2006 年年底，卫生部会同各有关部门正式颁布了《生活饮用水卫生标准》(GB 5749—2006)，该标准自 2007 年 7 月 1 日起全面实施。

《生活饮用水卫生标准》(GB 5749—2006) 是水质评价的主要依据。

20 水质评价指标有哪些？

水质评价指标有物理指标、化学指标和微生物指标，共计106项，由有检测资质的单位技术人员检测得出。常用的9个指标如下：

● 色度：饮用水的色度大于15度时多数人即可察觉，大于30度时人感到厌恶。标准中规定饮用水的色度不应超过15度。

● 浑浊度：浑浊度的降低就意味着水体中的有机物、细菌、病毒等微生物含量减少，这不仅可提高消毒杀菌效果，也有利于降低卤化有机物的生成量。

● 臭和味：有机物的存在是水臭产生的主要原因，可能是生物活性增加的表现或工业污染所导致。公共供水出现臭味可能是原水水质改变或水处理不充分造成的。

● 肉眼可见物：主要指水中存在的、能以肉眼观察到的颗粒或其他悬浮物质。

● 余氯：指水经过加氯消毒，停留一定时间后，余留在水中的氯量。

余氯在水中具有持续的杀菌能力，可防止供水管道的自身污染，保证供水水质。

水中的余氯，人们是能感觉到的，但这实际上表明水质是安全卫生的。余氯对人体健康并无负面影响，煮沸后基本可以消除氯味，用户可以放心饮用。

● 化学需氧量：化学需氧量越高，表示水中有机污染物越多。水中的有机污染物主要是生活污水或工业废水的排放、动植物腐烂分解后流入水体所导致。

● 细菌菌落总数：水中含有的细菌菌落来源于空气、土壤、污水、垃圾和动植物的尸体。水中细菌菌落的种类是多种多样的，其中包括病原菌。我国规定饮用水的标准为每毫升水中的细菌菌落总数不超过100 个。

● 总大肠菌群：这是一个粪便污染的指标菌，其检出情况可以表示水中是否有粪便污染及污染程度。我国《生活饮用水卫生标准》（GB 5749—2006）规定水中总大肠菌群不得检出。

● 耐热大肠菌群：它能比大肠菌群更贴切地反映食品受人和动物粪便污染的程度，也是水体粪便污染的指示菌。我国《生活饮用水卫生标准》（GB 5749—2006）规定水中耐热大肠菌群不得检出。

21 民众如何现场辨识水质的好坏？

对于分散式供水工程的用水户，在受到自然条件限制等影响的地区，当不能采取有效的手段来检测水质时，可采用望、闻、问、尝等简便方法进行水质现场评价。饮用水中无肉眼可见杂质、无异色异味、用水户长期饮用无不良反应可评价为基本符合要求。

居民平时要注意观察，发现饮用水变色、变浑、变味，应立即停止饮用，防止中毒，并拨打当地的供水服务热线，及时反馈。

22 每人每天多少用水量才算达标？

用水量主要指居民生活用水量、散养畜禽用水量、小作坊生产用水量等。用水量会因地势、气候、水资源分布、当地生活习惯不同而有所不同，标准规定安全用水量一般为每人每天 20~60 升。

依据《农村饮水安全评价准则》（T/CHES 18—2018），对于年均降水量大于 800 毫米且人均水资源量大于 1000 立方米的地区，每人每天用水量 60 升以上为合格，35~60 升为基本合格；对于年均降水量小于 800 毫米或人均水资源量小于 1000 立方米的地区，每人每天用水量 40 升以上为合格，20~40 升为基本合格。

23 用水方便程度怎么衡量？

用水方便程度指用水户获得饮用水的方便程度，以人力或交通工具取水往返距离或时间进行评价。

对于供水入户，其用水方便程度即为达标。

对于人力取水的用水户，其人力取水往返时间不超过 10 分钟，或取水水平距离不超过 400 米、垂直距离不超过 40 米即为安全。人力取水往返时间 10~20 分钟，或取水水平距离 400~800 米、垂直距离 40~80 米即为基本安全。

24 供水保证率多少才算合格？

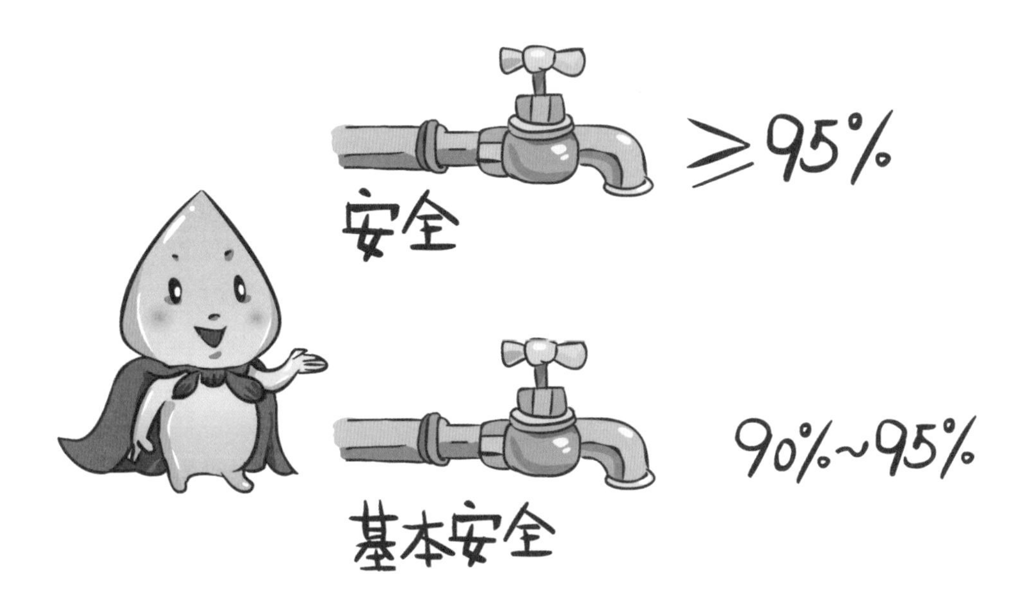

供水保证率是指在正常供水期间供水的可靠程度。一般用一年中实际供水量符合标准的天数占一年总天数的比值来评价。

国家规定供水保证率不低于 95% 为安全（也就是一年内不正常供水的天数不超过 18 天），90%~95% 之间为基本安全（也就是一年内不正常供水的天数为 18~36 天）。

专题五
农村供水存在的安全隐患

25 农村饮水不安全的指标有哪些？

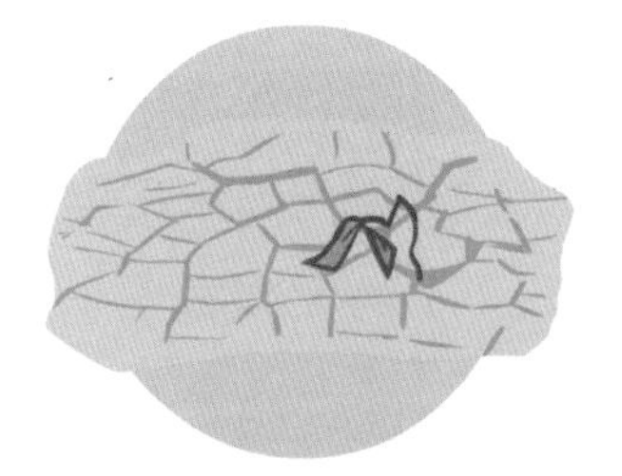

● 水质不达标：是指饮用水水质没有达到《生活饮用水卫生标准》（GB 5749—2006）的要求。

● 水量不足：按照国家标准每人每天的安全用水量一般为 20~60 升。我国地域辽阔，受气候特点、地形地貌、水源条件和生活习惯的影响，农村饮用水量安全指标南北方有较大差距，可根据当地实际制定安全用水量标准。

● 用水方便程度不够：是指供水不到户且人力取水往返时间超过 20 分钟。

● 供水保证率偏低：是指供水保证率低于 90%。

26 引起农村饮水不安全的因素有哪些？

● 饮用水水质不良与水源、管网、给水设备受污染等有关。

部分水源污染严重，威胁到农村人口的生命健康。部分地区饮用水水质方面主要存在高氟、高砷、苦咸、污染等方面的安全隐患。

水源污染受自然界影响或人类活动影响，如：土壤及表层中的有害矿物质溶入水体中，工业、养殖业和生活等污水的直接排放等。

管网、给水设备材料不合格，也会带来水污染。

● 极端暴雨天气等因素给居民用水带来相关疾病（如腹泻、伤寒、肝炎、血吸虫等）的风险。

● 村民不良的生活习惯，如喝生水、用容器长时间存储水、自来水几天不用时未把管道里存储的水放空等，都会带来饮水安全隐患。

27 什么是介水传染病？

介水传染病是指通过饮用或接触受病原体污染的水而传播的疾病，又称水性传染病。地面水和浅井水都极易受病原体污染而导致介水传染病的发生。介水传染病一旦发生，危害较大。因为饮用同一水源的人较多，发病人数往往很多；且病原体在水中一般都能存活数日甚至数月，有的还能繁殖生长，一些肠道病毒和原虫包囊等不易被常规消毒所杀灭。

介水传染病的得病原因有两种：①水源受病原体污染后，未经妥善处理和消毒即供居民饮用；②处理后的饮用水在输配水和贮水过程中重新被病原体污染。

介水传染病的病原体主要有三类：①细菌；②病毒；③原虫。它们主要来自人的粪便、生活污水、医院以及畜牧屠宰、皮革和食品工业等废水。

只要我们对污染源采取有效的处理措施，加强饮用水的净化和消毒，介水传染病就能迅速得到有效的控制，不必恐慌。

28 和城市相比，为什么农村供水安全性较低？

我国农村供水基础设施建设资金投入不足，建设资金缺口大，筹资渠道不多，且农村居住地分散，分散式和小型集中式供水工程多，供水工程建设标准低，配套设施不完善，大部分小型农村集中式供水工程没有配备专业的消毒设备，原水只经简单处理，没有经过严格的水质净化消毒程序。

而城市居住人口相对集中，供水工程都是规模化工程，更容易集中、规范管理，水费收支更科学、合理。

29 为什么农村供水水源水质达标率低？

● 水源地较分散，多为山泉水，水源保护工作量大。部分水源本底条件差，如存在氟、硝酸盐、氨氮超标等情况。

● 水源保护不到位：饮用水水源地保护区或保护范围没划定，没有相应的水源地保护措施，没有设置水源地保护标志牌、警示标志等。

● 部分水厂，特别是分散式和小型集中式供水工程，净化消毒设施设备不完善，没有建立科学的水质检测制度，没有有效的监督机制，水质达标率低。

30 为什么部分农村供水工程没有得到良好的运行？

● 农村供水工程点多、面广、量大，千人以下供水工程占比约为99%，多数工程位于山区、牧区和偏远地区，管理难度大。

● 部分供水设施运行多年，管网老化，养护不到位，管道破损、漏损率高。

● 部分工程水价机制不健全，水费收缴困难，再加上地方财政补贴少，农村供水工程只能低标准简易运行。

● 分散式和小型集中式供水工程缺少专业技术管理人员，没有专业管理的经验。

综上所述，农村供水工程长效良性运行较困难。

专题六 农村供水安全保障措施

31 保障供水安全，相关部门职责有哪些？

各县（市、区）必须成立以党委或政府主要负责同志为组长的农村供水安全保障（城乡供水一体化）工作领导小组，领导小组下设办公室，相关行政管理部门为成员单位，明确农村供水安全保障主管部门，明确领导小组成员单位职责及分工。建立部门联动和统一协调机制，统筹做好农村供水安全保障（城乡供水一体化）各项工作。

水行政主管部门负责本行政区域内农村供水的监督管理等工作；生态环境部门具体负责饮用水水源地水质监测、污染防治等事宜；卫生健康部门具体负责卫生评价、水质监测等事项；发展和改革部门具体负责规划资金等事项；应急管理部门负责突发事件应急管理事项。

32 保障供水安全，需要采取的主要措施有哪些？

近年来，江西、福建等省一些县（市、区）已经实施了城乡供水一体化，实践证明城乡供水一体化能有效地解决农村供水规模、安全管理、保障水质、规范水费收缴等重点、难点问题，为工程的长效运行打下了良好基础。

专栏 4

江西省政府于2020年5月印发了《关于全面推行城乡供水一体化的指导意见》（赣府发〔2020〕10号），明确提出：2020年年底前，各县（市、区）完成城乡供水一体化模式构建，落实推进城乡供水一体化的主管部门、实施主体和供水单位，将城乡供水一体化规划纳入县级国土空间专项规划。2025年年底前，城乡供水一体化模式进一步优化，城乡一体化规划的供水工程体系基本建成，统一规范的供水服务体系基本完善，提供的饮用水水质达到国家规定标准，农村居民喝上“安全水、放心水、幸福水”的愿望基本实现。

33 保障供水安全，有哪些新的运营管理模式？

● 政府出台相应的政策，鼓励社会资本采取各种方式参与农村供水工程建设与运营管理，如可以采取政府特许建设经营、股权合作、股权投资、政府与社会资本合作（PPP）等方式。

● 对城市供水企业、区域性供水企业、农村供水单元进行整合，组建大的区域性、专业化供水服务单位，改变管理组织过多、供水小公司过多和分散经营的状况，统一负责县域内所有集中供水工程和分散供水设施的运行技术服务指导。

● 鼓励以政府购买服务等方式引入专业化企业，提高城乡一体化供水设施管护的市场化程度。

34 饮用水水源保护措施有哪些？

● 完善水源地划定，规范审批管理程序。由地方人民政府牵头组织完成农村饮用水水源保护区或保护范围划定。

● 设立保护警示标志。在取水口附近设立警示牌，并在取水口上下游设立水源地保护区界标、警示标志等。

● 防控水源污染。强化水源管理和保护，不断提升农村饮用水水源保护工作能力和水平。

35 提高水质达标率的主要措施有哪些？

千吨万人以上供水工程必须建立水质化验室；百吨千人及以下供水工程可配置日检 9 项指标的便携式水质综合检测箱，用于供水工程日常水质检测，同时可用于水源水、管网末梢水的巡检工作。

强化水源保护和饮用水检测，加强对农村供水水质的监督管理，建立健全水质检测制度，确保供水水质符合《生活饮用水卫生标准》（GB 5749—2006）。

开展关键岗位人员专业知识和技能培训，提高关键岗位人员的专业技能，实现关键岗位持证上岗。

36 维修养护经费的来源主要有哪些？

以中央补助资金为引领，全面落实各级财政补贴农村供水工程维护养护经费，充分发挥好财政补贴资金的济困和激励作用。对供水成本较高、老少边穷等地区以及特殊困难群体，中央和地方财政给予适当补贴，保障工程正常运行。

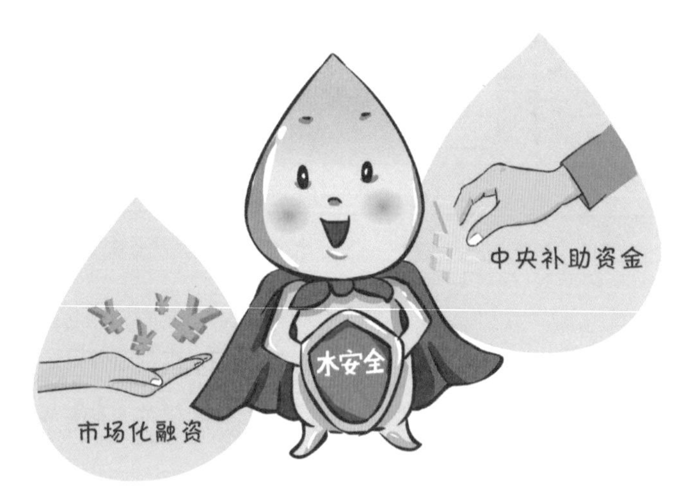

县级人民政府要将农村供水运行维护资金不足部分纳入本级财政预算。各地可通过地方政府专项债券或依法依规进行市场化融资等落实建设资金。

科学核算供水工程运行成本，合理确定供水价格，实行有偿服务、计量收费，全面落实供水水费收缴制度。

运行管理单位应积极落实工程维修经费，确保工程真正建得起、用得好、长受益。

37 农村供水水价如何确定？

建立分区分类定价制度，对不同规模工程、不同用水户、不同区域实行分类定价。

● 政府定价：规模较大的跨乡（镇）、跨行政村的供水工程，一般由政府定价。具体的计价模式有：单一计量水价模式、阶梯式计量水价模式、“两部制”水价模式等。实施城乡供水一体化工程模式的县，农村供水可参照城市进行定价和水费计收，对建档立卡贫困户、农村“五保户”和“低保户”等三类特殊人群实行优惠水价。

● 村集体议价：规模较小的、由村集体负责管理的农村集中式供水工程，水价由村集体通过“一事一议”的方式确定。具体的计价模式有：单一计量水价模式、按户收取水价模式、按人口数量收取水价模式、村集体补助模式等。

38 保障饮水安全，居民怎么做？

提倡不喝生水，喝开水，或者喝符合卫生标准的瓶装水、桶装水。水烧开能较好地杀死细菌，对预防和控制居民介水传染病的流行起到了一定作用。

暴雨洪灾后，因洪水中含有大量的泥土、腐败动植物碎屑、细菌、寄生虫和病毒，即使肉眼看起来很干净的山泉水、河水、井水，直接饮用也存在危险。因此，必须用明矾和漂白精澄清、消毒，至少煮沸5分钟后，才可以饮用。

长时间没用的自来水，再次用水时要先放空水管中的“死水”。如早晨起来后，一定要拧开水龙头先放放水；连续几天没用水后，也应拧开水龙头，放空管道中积存时间较长的余水。

用水户家中的水缸、储水池要定期清洗、消毒，定期清洗掉水缸和储水池中的污泥，并杀死滋生的细菌等微生物。

专题七 农村供水行业监管

39 发现供水有隐患或者有疑问，如何处理？

水利部和各省（自治区、直辖市）设立了农村饮水监督举报电话和电子邮箱，鼓励居民对危害供水安全的违法行为进行监督举报。2020 年 3 月，水利部创新监督举报方式，增设了“12314”（“12314，监督水利事”)监督举报服务平台，开辟了电话、网络、微信“三位一体”、面向社会、“一号对外”的水利强监督新渠道。

水利部和各省（自治区、直辖市）农村饮水监督电话和电子邮箱

部、省（自治区、直辖市）	监督电话	电子邮箱
水利部	010-63207778 010-63207779	ysjd@mwr.gov.cn
北京	010-53238299	sdzxgsk@126.com
天津	022-88908890	shuiwurexian@126.com
河北	0311-85185959	hebyinshui@163.com
山西	0351-4666239	sxncysaqjd@163.com
内蒙古	0471-5259856	sltnmc@163.com
辽宁	024-62181979	sltyszx@126.com
吉林	0431-84994499	jlysjd@126.com
黑龙江	0451-82621296	hljsysjd@163.com

续表

部、省（自治区、直辖市）	监督电话	电子邮箱
江苏	025-86338145	863754138@qq.com
浙江	0571-87826682	ysjd@zjwater.gov.cn
安徽	0551-62128162/8223	ahnyzz@163.com
福建	0591-83709652	ysjd@slt.fujian.gov.cn
江西	0791-88825522	jxsltxf@jxsl.gov.cn
山东	0531-55800116	sdysjd@shandong.cn
河南	0371-69151982/67917819	hnysjd@hnsl.gov.cn
湖北	027-87221911/1900	hbsysjd@163.com
湖南	0731-85483924	hnsysjd@yeah.net
广东	020-38356454	gdncysjd@163.com
广西	0771-2185903	gxnssdc@163.com
海南	0898-65786183	hnysjd@163.com
重庆	023-89079227/88759030	sljnssd@163.com
四川	028-86630968	nsjgsc@163.com
贵州	0851-85936209/85636226	3338084897@qq.com
云南	0871-63644034	ynncysjd@126.com
西藏	0891-6373134/194	xzsltnsc@126.com
陕西	029-61835215	475467658@qq.com
甘肃	0931-8416909	sltgsc@163.com
青海	0971-6161077/044	79102394@qq.com 493874670@qq.com
宁夏	0951-5552017/257	nxsljsgs@163.com
新疆	0991-5802317	xjsltgsb@163.com
新疆生产建设兵团	0991-2896638	btnsjd@126.com

40 保障供水安全，相关政府如何做？

当地主管部门应严格把控对供水工程建设的规划、实施报批审核程序。

加强对饮用水水源区污染排放监督及水质监测工作，并定期向居民公布检测结果，建立饮用水水源地联合监管制度，通过多部门协作，完善水源地环境保护协调联动机制，推进联合执法。

加强农村供水工程运行维护督查，设置当地农村供水监督电话，面向社会公布供水安全管理责任人，并建立用水户的水质水量核查流程，及时解决部分困难用水户的用水难题，综合评价当地农村居民的用水情况。

规范供水设施的保护制度，严厉惩戒一切影响供水工程正常运行的行为。

41 对于受困群众，有哪些具体的保障措施？

受灾地区水利、扶贫、卫生健康、生态环境等部门要积极指导和帮助做好农村饮水各项工作，密切关注贫困村、贫困人口的饮水安全保障情况。防汛期间，不得随意停止向供水服务对象尤其是贫困村、贫困人口的供水。灾害后期要做到先清理、后消毒、再迁回，最大限度地消除导致疫病发生的各种隐患。

因暴雨洪灾、水毁、抢修等造成短时停水的，要及时做好通知、宣传工作，迅速处置、有效应对，采取送水车送水或配发桶装水等形式保障群众的基本用水需求。汛期结束后，立即组织实施饮水工程灾后恢复重建工作，对因灾损毁的农村供水工程，要多方筹集资金进行修复，尽早恢复正常供水。

对贫困群体，采取优惠水价或者不收水费等相关措施。

42 政府应该出台的主要机制有哪些?

● 完善水质监测和检验制度。应用最新技术、设备对饮用水水质状况进行监测评价，建立水质通报和信息共享机制。

● 加强供水管理人员的技术培养。各级水行政主管部门、供水单位应定期分批对供水管理人员进行业务培训，定期开展供水设施的维护和检查，记录供水运行、水质检测、维护保养等活动，保障农民饮水安全。

● 落实地方政府主体责任，保证工程建设资金和工程运行维护经费到位。建立多渠道资金筹措机制，鼓励社会资金投入工程建设与管理。

● 制定各种优惠政策，鼓励整合供水区域内中小水厂，实现大水厂、大管网覆盖，提高供水保障水平；鼓励各县（市、区）成立村镇供水管理机构，加强县域村镇供水工程建设与管理。

专题八 水费收取

43 为什么要收取水费？

● 供水有成本：农村供水工程从水源建设、取水，到水厂净化处理、泵站输水，再接水龙头到农户家里，整个过程需要人力、物力、财力投入，而且工程建成以后要实现可持续运行，还需要进行维修和养护，这也需要一定的资金投入。所以，农村供水工程就像我们用电、用燃气一样，收取一定的费用是合理的。

● 节约用水：水资源既是自然资源，也具有商品属性，有调查显示，是否计量收费，是影响农村用水量的首要因素，因此，计量收费有助于促进农户节约用水。

44 收到的水费，用在什么地方？

水费收取后，一是用于工程运行和管护；二是可以促进节约用水，让老百姓珍惜来之不易的水；三是可以促进用水户监督工程运行情况，老百姓交了钱，他就要监督你服务得怎么样，从而倒逼供水单位做好管理服务，提高供水保障水平；四是支付管理费。

45 水费收取会不会增加农民的负担？

合理收取一定的水费，不会增加农民负担。从全国平均情况来看，一般三口之家、四口之家，一年收取的水费在 200 元左右，大家还是可以承受得了的。

46 水费收取的措施保障有哪些？

● 明确任务。水利部印发相关通知，明确水费收缴的基本要求、目标任务和时间表、路线图。

● 创新方式和方法。采取一定措施降低供水成本，推广便捷的支付方式，如手机支付、智能卡等支付方式，提升服务水平。同时通过按月调度和暗访核查等方式推动各地水费收缴。

● 加大补助资金支持。收水费也不是一刀切，对特别困难的地区和农户，还是要采取一定的补助措施。2019 年以来，水利部会同财政部安排 39.6 亿元的农村供水工程维修养护中央补助资金，对有突出困难的特殊地区、特殊工程、特殊群体，加大支持力度，给予适当补助，促进工程正常运行。

专题九
供水单位与用水户的权利和义务

47 供水单位的权利有哪些？

供水单位有权制定供水设施的管护制度。供水单位应当依法与用水户签订供水用水合同，明确双方权利义务；有权按规定收取水费，如用水户未按约定交纳水费，供水单位可向拖欠水费的用水户送达催费通知单，并有权对收到通知单后一定时日内仍未交纳水费的用水户按照合同约定停止供水。

48 供水单位有哪些义务？

供水单位从事供水经营活动必须取得取水许可证、卫生许可证，从事水质净化、水泵运行、水质检测等岗位的人员应当经健康体检合格后，持证上岗。

供水单位负责向用水户提供符合水质、水量要求的供水服务，保障正常供水。在日常供水过程中，供水单位应当定期检查、维护供水设施，保持正常供水；要设立供水事故抢修电话，并向社会公布，接受用水户的监督；还要接受水行政及发展和改革、卫生健康、市场监管等有关部门的监督管理。

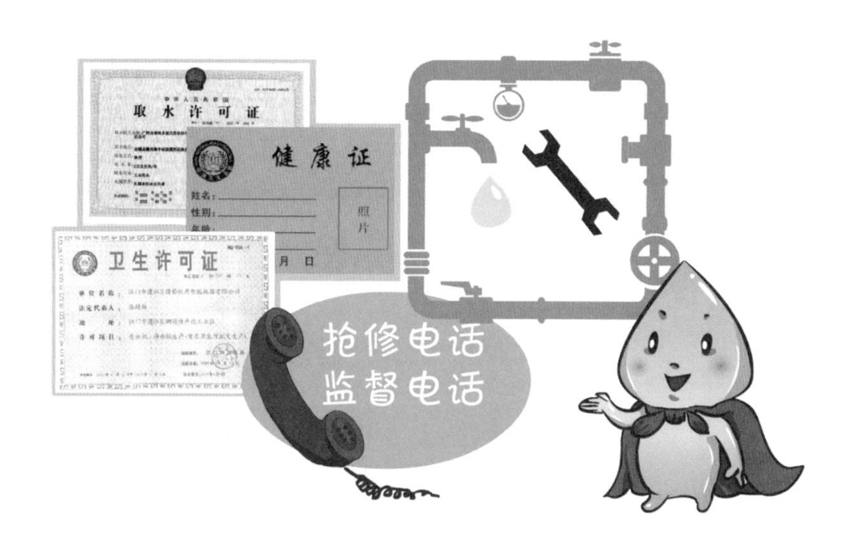

49 用水户的权利有哪些？

在工程建设与管理中，用水户享有知情权、监督权、决策与管理的参与权，同时应履行力所能及范围内的投劳、筹资、交纳水费、维护和爱护工程等责任和义务。

在编制区域发展规划和工程建设规划时，应充分听取当地农户意见，尊重他们的意愿；在制订实施方案时，应召开用水户会议或用水户代表会议，听取他们对设计方案、施工方案、集资投劳方案、工程建成后的管理体制、水价核定和水费计收方式等的看法和意见。

50 用水户有哪些义务？

按时交纳水费是用水户的义务。

专栏 5

《江西省农村供水条例》第三十八条明确用水户应当节约用水，并遵守下列规定：

（一）按时交纳水费；

（二）不得擅自改变用水性质；

（三）不得盗用供水或者擅自向其他单位和个人转供水；

（四）不得在集中式供水工程公共管网上直接装泵抽水或者安装影响正常供水的其他设施。

《江西省农村供水条例》第十六条规定，在农村供水工程的生产厂区及单独设立的净水、配水等设施边墙外三十米范围内，禁止开展挖坑（沟、井）、采石、取土、堆渣、爆破、打桩、顶进等可能损毁、破坏农村供水工程及设施的活动，禁止堆放垃圾，禁止修建畜禽饲养场、渗水厕所、渗水坑、污水沟道以及其他影响水质的生活生产设施。

另外，用水户还应配合做好饮用水水源地的保护工作，自觉保护好水源地标志牌；禁止向水体倾倒垃圾、排放污水、使用剧毒和高残留农药等一切可能污染水源的活动；节约用水等。

本书配套资源

助您高效了解农村供水安全

1 本书配套微信公众号和条例原文

结合本书内容阅读，加深理解

2 本书知识答题小测试

测一测阅读本书后的学习成果

3 水利行业资讯与见闻

及时了解行业前沿资讯

微信扫码，智能阅读向导将引导您获得上述服务